La canción del cambio climático,
 cada país tiene sus estrofas.
  La larga oscuridad y la luz

*La Palabra Eterna,
el Dios Único, el Espíritu Libre,
habla a través de Gabriele,
al igual que a través de todos
los profetas de Dios:
Abrahán, Job, Moisés, Elías, Isaías,
Jesús de Nazaret,
el Cristo de Dios*

*La canción
del cambio climático,
cada país tiene sus estrofas.
La larga oscuridad
y la luz*

Dios Padre, el Eterno Único Universal,
se manifestó en junio de 2019
a través de Su profeta y enviada
Gabriele

Editorial Gabriele
La Palabra

1ª edición rústica en español, abril de 2022
© Gabriele-Verlag Das Wort GmbH
Max-Braun-Str. 2, 97828 Marktheidenfeld, Alemania
www.editorialgabriele.com

Título del original en alemán:
»*Das Lied des Klimawandels –*
jedes Land hat seine Strophen.
Die lange Dunkelheit und das Licht«

Spanisch

En todas las cuestiones relativas al sentido,
la edición en alemán tiene validez última.

Letras ornamentales: © Gabriele-Verlag Das Wort

Todos los derechos reservados

Nro. de artículo: S193esPOD
ISBN 978-3-96446-279-4

*La canción del cambio climático,
cada país tiene sus estrofas.
La larga oscuridad y la luz*

Yo Soy el que Soy, el Dios de Abrahán, Isaac y Jacob, el Dios de todos los verdaderos hombres y mujeres profetas, el Dios de todos los hombres y mujeres justos.

En todos los tiempos Yo, el Uno universal, envié a seres del Reino eterno a Mis hijos e hijas que se alejaron de Mí, el amor eterno, porque querían dar una forma diferente a la Ley eterna y con ello al Reino del SER, la Existencia eterna, según sus deseos e ideas.

A los hijos e hijas en el proceso de la Caída les di para su camino un cuanto de energías de la que tomar y crear, para que Me pudieran mostrar y demostrar, cómo sería mejor.

Las energías para tomar y crear que les fueron dadas para sus propias ideas creativas eran na-

turalmente un préstamo y no un regalo, porque la Ley eterna es unidad absoluta; por tanto, a la larga no puede haber una creación dividida. La Ley eterna es también libertad absoluta, por eso les fue dada la posibilidad de demostrar que lo hicieran mejor que Yo, el Yo Soy, en unidad con las fuerzas básicas del Reino eterno de las que se toma y crea, el Orden, la Voluntad, la Sabiduría y la Seriedad, y las cualidades de filiación Bondad, Amor y Mansedumbre.

A pesar del éter de luz inconcebiblemente energético que los seres renegados recibieron del Reino eterno de materia sutil, desde el principio este préstamo –las energías de creación energéticas– fue degradado, hasta que surgió la condensación, la materia, y las degeneraciones posteriores.

Como desde el principio de su Caída se hizo evidente que les resultaba extremadamente difícil volver a transformar positivamente el éter de luz, envié a los renegados una y otra vez voceros de Dios, hombres y mujeres profetas.

Cómo trataron los descendientes caídos del Reino eterno a estos hermanos y hermanas venidos del eterno SER, y cómo los siguen tratando hasta en la actualidad, lo muestra su autoproclamado patriarcado, el Moloc de la casta sacerdotal y del poder estatal.

El exagerado mal uso de las energías –y esto ya desde el comienzo– no está anulado, porque las energías no se pueden perder, ni las energías de ayer ni las de hoy.

Las energías negativas se potencian de forma correspondiente a la llamada causalidad, también en lo que se refiere a cualquier tipo de patrones y comportamientos iguales y similares.

También la cadena causal de crímenes violentos abusando de Mi nombre será asignada energéticamente a cada uno proporcionalmente, según sea su participación, también a cada país y a sus habitantes. Cada miembro de la cadena causal potencia sus energías que aún no han sido expiadas o las reduce, lo que también puede suceder a lo largo de encarnaciones en las épocas correspondientes. Todos los crímenes violentos contra niños, mujeres y hombres, contra animales en la Tierra, dentro de la Tierra y sobre la Tierra, también en los mares, ríos y lagos, no están anulados. Todo lo que no ha sido expiado permanece en la cadena de la causalidad. Ninguna energía se puede perder, aunque el ser humano tampoco crea en Mis palabras.

Quien crea en la llamada ciencia del mundo, que también parte de la base de que ninguna energía se pierde, debería hacerse también la siguiente pregunta: ¿dónde están las energías que en el transcurso de los tiempos fueron creadas de persona a persona, y esto en todas las generaciones? Una pregunta podría seguir a otra: ¿Quién ha creado qué, y donde han quedado las energías?

¿Quién lo fue ayer y quién lo es hoy?

El ser humano lo fue ayer y el mismo pecador lo es hoy.

Desde el comienzo de la Caída, los expertos de la Caída querían demostrarme a Mí, al Dios de Abrahán, Isaac y Jacob, al Dios de todos los enviados de Dios, que ellos iban a utilizar de forma supuestamente correcta Mi préstamo, el poderoso éter de luz del que se toma y crea, y por tanto iban a poder multiplicarlo.

En el transcurso de los tiempos, llegando hasta el tiempo actual, Mis enviados de Dios, hombres y mujeres profetas fueron a los seres de la Caída y después a los seres humanos. También otros hombres y mujeres justos les trajeron el pan de la vida, la Ley del amor a Dios y al prójimo.

En el transcurso de todos los tiempos, los seres renegados –tanto si aún eran seres de la Caída o si eran ya seres humanos– eligieron a sus dioses paganos, a los que adornaron con todo tipo de ornamentos, detalles y «dignidades» y exaltaron en una tradición eclesiástica de múltiples facetas, colocándolos por encima de Mi Nombre, por encima del «Yo Soy la Ley eterna».

Bajo este panorama de poder del «gremio religioso gobernante» los poderes estatales están hasta el día de hoy al servicio del dios ídolo.

En todos los tiempos hasta en la actualidad se ha adorado y se sigue adorando al dios ídolo, que en todos los tiempos prometió y promete mucho a los creyentes, pero hasta en la actualidad se ha quedado solo en eso.

Quien no se sometía y hacía sacrificios al dios ídolo, al dios de culto, era esclavizado y sacrificado por los gobernantes del sistema correspondiente.

Ejércitos enteros de siervos guerreros sintonizados entre sí –sintonizados por la Iglesia y el poder estatal– se precipitaron sobre niños, mujeres y hombres, violaron a niños y mujeres y mataron a golpes lo que encontraron en su camino, tal y como era ordenado por el respectivo réquiem bajo la bandera de la Iglesia.

El poder de la violencia de la Iglesia y de los órganos estatales saqueó y robó a pueblos enteros y mató en su sed de sangre, en una matanza sangrienta, a niños, mujeres y hombres.

El culto idólatra y su apéndice, el correspondiente gremio estatal, hicieron desangrar y morir de hambre a pueblos enteros a través de sus mercenarios. Hicieron atormentar, torturar y profanar a niños, mujeres, ancianos y enfermos, y esto en masa.

El dominio de Baal mantuvo en oscuras mazmorras putrefactas a sus llamados enemigos, no importando si eran mujeres, niños, enfermos y personas débiles, si eran padres y madres, si eran recién nacidos o niños pequeños.

Sin tener consideración con los enfermos y con los prisioneros hambrientos, que mendigaban y suplicaban, los azotaban, los torturaban a su arbitrio, y violaban a miles de mujeres, niñas y niños desnutridos.

Para recibir un pedazo de pan para los niños hambrientos, hombres y mujeres se convertían en sumisos ayudantes y denunciantes, bajo el cetro de los torturadores, en nombre de un dios que castiga y sanciona: el dios ídolo del sistema Baal Iglesia y poder estatal.

Yo, el que Soy, voy a hacer resucitar lo que no está expiado: En el transcurso de los tiempos también los voceros de Dios cayeron como víctimas del régimen idólatra y de los mandatarios de sus ídolos, del declive sacral, y con ello de los criminales peligrosos del gremio sacerdotal y del poder estatal.

Nada ni nadie se salvaba, a no ser que el que era fiel a la religión se convirtiera en oficial del tenebroso poder de la violencia.

En el transcurso de los tiempos hasta en la actualidad, el culto a los sacrificios de sangre no ha pasado ni pasa de largo ante los animales, todo lo contrario. El mundo animal en la industria ganadera está sujeto a la terrible etiqueta de ser carne para el placer del paladar, que es lo mismo que crianza para el paladar. La brutalidad que se tiene con incontables animales ha tomado y sigue tomando cada vez más formas.

La profanación practicada con la fuerza más brutal, cruel y cruda de todo lo que vive en el bosque, en el campo y en los crueles establos de animales, se convirtió y se sigue convirtiendo en un nivel general que es consentido, porque el ser humano degenerado, la masa, lo sacrifica todo a su indiferencia.

La misma indiferencia rige también cuando se trata de las instalaciones para hacer experimentos con animales. En estas instalaciones institucionales habita realmente el dios ídolo.

Una crueldad sigue a la otra.

¿Quién ha sugerido tales cosas?

¿Quién es responsable de ello?

La falta de escrúpulos, la pobreza de sentimientos, dan testimonio de que el ser humano ya hace tiempo que se ha convertido en un cómplice del Moloc, que en el transcurso de los tiempos ha estado actuando con maldad de la forma más terrible.

Pero lo que el ser humano siembre, es lo que el ser humano cosechará.

Con las crueles máquinas infernales, que no pierden su brutal efecto en los campos y bosques de todo el mundo, el ser humano cruel convierte los hábitats naturales en lugares de sacrificio del dios ídolo Baal.

Cada veneno que el ser humano hace llegar a los animales en la Tierra y sobre la Tierra, también a los animales en las aguas, marca al planeta Tierra. También los innumerables dispositivos y equipos, que están concebidos para despreciar la vida, de modo que apenas un ser vivo los sobrevive, son energías.

Cada veneno y los equipos correspondientes que son utilizados para exterminar la vida animal y el mundo vegetal, son energías, causas que no perderán sus efectos.

También la escopeta en los bosques y en los campos sigue atrayendo aún a los llamados cazadores.

¿Dónde quedan también estas energías?

¿Dónde quedan todas estas energías terribles y mortales?

¿A dónde se dirigen y van todas estas energías mortales, también de acuerdo con las declaraciones de vuestra ciencia que dicen que ninguna energía se pierde?

¿A dónde van las energías, y qué sucede cuando se pone en marcha la causalidad?

Jesús de Nazaret trajo a la humanidad el Dios del amor a Dios y al prójimo y la enseñanza de paz de Su Sermón de la Montaña.

¿Por qué desde hace casi dos mil años la cruz con el cuerpo tiene que estar al servicio del clan sacerdotal y del poder estatal y del uso ritual en los campanarios de las iglesias en ciudades y pueblos?

Esta bandera de campanario muestra lo que ha sido en todos los tiempos y hoy continúa siendo, eso sí, como cetro ritual para todo tipo de falsedades bajo el nombre «valores cristianos».

En las iglesias patriarcales y en más de un sitio está la cruz con el cuerpo. ¿Ha de ser esto también un signo de «valores cristianos»?

¿Qué son lo que se denomina «valores cristianos»?
¿Son las armas correspondientes que proceden de los llamados «países cristianos», para que se mate y asesine con ellas?

Todo se basa en energía. Ninguna energía se pierde.

Con este trofeo artificial, la cruz con el cuerpo, desde ayer hasta hoy el adversario de Dios cree haberme vencido a Mí, al Dios de Abrahán, Isaac y Jacob, al Dios de todos los voceros de Dios, y también a Mi Hijo, al Cristo de Dios, a quien Yo os envié a los seres humanos y quien con su «Está consumado» impidió la disolución de la sustancia primaria y protegió el núcleo divino en cada alma.

Aunque el trofeo esté erigido en vuestras iglesias y también en más de un lugar, es como es:

El Cristo de Dios ha llevado a cabo la redención para todos los seres humanos con alma y para todas las almas. Él es el Resucitado y está sentado a Mi derecha. Él viene con todo poder y gloria, porque el Reino eterno ha vencido.

Después de los largos tiempos de la noche, que la humanidad y el planeta Tierra aún tienen por delante, alboreará la aurora desde la Tierra purificada. Entonces vendrá el tiempo de la aparición del Cristo de Dios, que con los Suyos erigirá Su reino, que poco a poco se extenderá por todo el planeta Tierra purificado: el Reino de Paz.

Ahora Yo, el Yo Soy, anuncio al último profeta, a la profeta en Mí, el Yo Soy, que está en unión con Mi querubín de la Sabiduría, antaño encarnado en Isaías.
Ella, la actual y última mensajera de Dios, viajó a varios países para anunciar Mi mensaje en el extranjero, así como sucedió también muchas veces en este país. Aquí y allá acudieron cientos de personas, por no hablar de miles. Escucharon el mensaje de los Cielos y ahora lo escuchan también por radio y televisión.
¿Cuántos escucharon y escuchan el mensaje de los Cielos, y cuántos de ellos abandonaron sus encuentros personales para fundar un pueblo, un pueblo en el espíritu de la libertad y unidad en el amor a Dios y al prójimo?
Desde Mi llamada para volverse un pueblo de la unidad y de la libertad, tanto con Abrahán como también con Moisés, y ahora nuevamente

con la profeta más grande desde Jesús de Nazaret, la gran masa de los seres humanos ha seguido conservando hasta en la actualidad su vida de pequeña burguesía, y al igual que en los tiempos de Moisés, ha continuado siendo fiel a los calderos de carne, porque la carne animal es directa e indirectamente la fuente de energía del dios ídolo Baal.

El sínodo de ayer es la ruptura de hoy.
Las puertas hacia el dios ídolo no solo se cerrarán, sino que ha sido anunciada la destrucción, porque la Tierra se ha convertido en enemiga de la humanidad.

En el transcurso de todos los tiempos la masa de la humanidad combate y profana al planeta Tierra.

Ahora la Tierra se alza contra el género malvado, contra la humanidad, que en todos los tiempos, desde el sistema de la Caída, desde ayer hasta hoy, muestra sumisión a los tiranos idólatras.
La pedagogía demoníaca no es nada nuevo.

La Tierra dará los frutos de lo que el mundo de las tinieblas, el gremio de la religión con su apéndice, el poder estatal, ha sembrado en la Tierra.
¿Cómo dice vuestra ciencia?
Ninguna energía se pierde.
Así es –¡y así sucederá!–.
¿Quién ha grabado las energías de ayer y las energías de hoy?

Desde el acontecimiento de la Caída las energías están grabadas en el así llamado cosmos material, y de variados modos y maneras también en la superficie y dentro de la Tierra.

Ninguna energía se pierde. Para muchas almas las energías están grabadas en diferentes ámbitos de los cosmos de sustancia más fina. Son las grabaciones energéticas, lo personal del que antaño fue un ser humano, porque lo que sembró el que fue un ser humano, ahora lo puede contemplar el alma desencarnada y lo puede reparar mediante purificación y expiación.

Lo que no puede ser remediado permanece grabado en la Tierra, y regresa de nuevo al alma respectiva, aunque sea como ser humano en la alternación de los tiempos en las diferentes encarnaciones, porque ninguna energía se pierde.

Lo que antaño fue y aún no está expiado, sigue siendo presente –ayer y hoy.

Las energías, los terribles hechos y obras de la humanidad no están expiados; de modo que los seres humanos en todos los tiempos han convertido a la Tierra en su enemiga. Ninguna energía se pierde, tampoco las energías de los hechos no expiados de tiempos remotos.

Desde el sistema de la Caída, las instancias de la Caída intentan crear un reino a su medida y según sus objetivos, pero hasta en el tiempo actual esto solo ha sido su voluntad, pero no su facultad para hacerlo.

En el curso de los tiempos se quedó entonces en el querer hacerlo.

Para los diletantes de la Caída vale entonces: todo fue juzgado como algo demasiado fácil y demasiado engañoso.

En todo el transcurso de los tiempos muchos seres humanos se entregaron a la barbarie, ya que el alejamiento de toda ética y moral –lo que hizo que la falta de conciencia se convirtiese en medio para conseguir un fin– fue y es imponerse uno mismo a los demás, y esto sigue siendo así hasta en la actualidad. La gran masa de los seres humanos sabe de los Diez Mandamientos dados por Moisés, pero en eso quedó todo y así sigue siendo hasta en la actualidad.

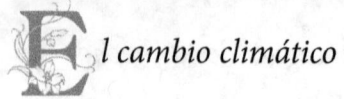

El cambio climático

¿De dónde viene el cambio climático y quién lo ha creado?

Para excitar más discusiones de cómo hay que ver el cambio climático, los seres humanos no necesitan más que una piedra que es arrojada al agua y crea muchas ondas concéntricas.

Para que los debates netamente humanos no se salgan de sus cauces, Yo, el que Soy, la Ley universal del SER, la Existencia eterna, explicaré a los seres humanos de dónde viene el cambio climático.

Precisamente esta expresión «cambio climático» tiene muchas estrofas.

Las numerosas estrofas disonantes vienen de las diferentes discusiones sobre el clima y el cambio climático y de cómo se podría eliminar este mal.

Por eso la expresión «cambio climático» se ha convertido en una melodía, de la que se ha derivado una canción. Y la canción es la reproduc-

ción del comportamiento catastrófico de cada ser humano, que ha contribuido a infligirle a la Tierra en muy breve tiempo la destrucción.

Vosotros, seguid escuchando el canto «cambio climático», que es vuestra canción, y si queréis, tararead en coro la melodía. Sea lo que queráis, cantar, tararear o solo escuchar, se trata siempre de vosotros seres humanos, y de ningún otro.

Un breve resumen para que se comprenda mejor:

La humanidad le ha anulado a su sustentadora, la Tierra, el circuito positivo de sus energías mediante la explotación abusiva y la destrucción a todos los niveles.

Ahora la Tierra se rebela en contra de seguir sirviendo a la humanidad, porque el ser humano mismo ha convertido a la madre, a la sustentadora, la Tierra, en su enemiga.

La Tierra con sus incontables recursos se alza energéticamente contra la humanidad.

La Tierra con sus mares, ríos, lagos y arroyos se rebela. Las aguas se han convertido en muchos casos en albergue de basura cadavérica. La así llamada extinción de las especies –como la denomina el ser humano– demuestra cómo está la situación del planeta Tierra.

La mortífera calamidad pasa por campos y bosques, por prados y praderas. Los desiertos y estepas se extienden por todas partes. Todo lo que aún lleva en sí la respiración sucumbe al sistema de la «destrucción».

Todo lo demás no son más que restos de vida.

Se gime y lamenta en la Tierra, sobre la Tierra y en las lóbregas aguas. Bajo su violación energética la Tierra gime, el quejido y los estertores de muerte en las aguas son la melodía sobre y dentro de la Tierra.

La melodía y el canto con sus correspondientes tonalidades son las estrofas disonantes para cada país: el cambio climático.

La agenda del transcurso de los tiempos se llama por tanto cambio climático. El clima correspondiente es la entonación. El ser humano mis-

mo ha creado la melodía y el catastrófico canto de cada caso para cada país, y al fin y al cabo ha suministrado también la partitura correspondiente.

Cada país ha aportado por tanto su estrofa a la melodía conjunta llamada «cambio climático». Cada persona canta y tararea en coro con los demás. De este modo se formó una orquesta.

Los directores para cada estrofa del país de cada caso son los superiores de la Iglesia y del Estado. Los habitantes de cada país tararean con ellos en la esperanza de que así no estén expuestos, o de que a ellos ya no les afectará, porque su tiempo de vida, su asignación de años habría caducado.

Apenas si una persona se da cuenta de que ella también canta o tararea con ellos, porque es su partidaria. Cada alma y cada ser humano se miden y se pesan a sí mismos, y cada cual decide también sobre sí mismo.

La balanza pesa con precisión. Y un ser humano difícilmente se da cuenta de que él es un contemporáneo que ayer, es decir, en el transcurso de los tiempos fue el mismo asesino climático que también sigue siendo en la actualidad.

El desfile de idólatras del dios ídolo ha sabido eliminar la enseñanza de la reencarnación, la enseñanza de que las almas tomen cuerpos humanos, pues de otro modo él mismo habría sido desenmascarado como el Moloc de la mentira de ayer, que en la actualidad no es más que un mentiroso que patalea y que intenta mantener reunido a su cada vez más pequeño rebaño de idólatras dependientes.

A pesar de la indiferencia de la masa del pueblo de ayer y de hoy, ya no es posible detener esto: el ser humano ha convertido en su enemigo a la Tierra, a los mares, a todas las aguas.

Los fieles aprecian la palabra de la ciencia y la palabra del dios ídolo.

La ciencia dice: «Ninguna energía se pierde» y el dios ídolo opina que «Dios ya lo arreglará».

Ambas afirmaciones son ciertas, porque Yo, el que Soy, lo hago todo nuevo, también en lo que respecta a las energías, porque ninguna energía se pierde.

Pero hay que tener en cuenta que para dejar que todo se haga nuevo, primero debe desaparecer lo antiguo.

Como se ha dicho ¡todo se basa en energía!

Todos los sufrimientos y crueldades, crímenes y más crímenes que fueron causados e infligidos en el curso de los tiempos a la Tierra, a la naturaleza, a los animales y a las plantas, a las aguas y a los océanos, a la atmósfera y a los seres humanos, todo lo que no ha sido reparado, son energías aún no expiadas que se encuentran en la Tierra, dentro de la Tierra y sobre ella.

El tiempo está maduro: Yo, el que Soy, lo hago todo nuevo.

Yo no soy el acusador, sino solo el demandante, y enumero lo que en el transcurso de los tiempos no ha sido reparado ni expiado.

Así está surgiendo un tenebroso y largo cortejo de demandantes, porque el planeta Tierra gime desde que tiene que sustentar al ser humano.

Las energías que demandan, gimen y se lamentan se presentan ante la Tierra y acusan a la humanidad, y lo hacen de país en país, de ciudad en ciudad, de localidad en localidad, de municipio en municipio, de pueblo en pueblo.

Todo lo que las almas en los mundos del Más allá, en los ámbitos de purificación no pueden soportar, aquello que les sucedió siendo seres humanos y no fue causado por ellos mismos, son acusaciones que se levantan de la Tierra en forma de energías. Las incontables angustias mortales de seres humanos ante las hogueras ardientes son energías. Se levantan de la Tierra como energías y acusan. Los acusadores energéticos son las incontables víctimas, millones y miles de millones, que pesan sobre la conciencia del culto idólatra del Estado y la Iglesia. Energías y más energías se levantan de la Tierra.

Para que se comprenda mejor, por lo que respecta a los malhechores de ayer y de hoy:

El trino del clima, el canto que va de país en país, despierta las energías no expiadas de los incontables muertos, de los seres humanos que en el pasado fueron asesinados, acuchillados, empalados, torturados, ahorcados y fusilados, encerrados en calabozos y asesinados de país en país teniendo ante sus ojos la cruz de la paz.

Todas las energías no expiadas se levantan. Acusaciones y más acusaciones. Seres humanos a los que brutalmente se les cortaron sus miembros, seres humanos que mutilados y maltratados fueron abandonados en calabozos y en mazmorras, que como parias se extenuaban por las calles y caminos con dolores y sufrimientos, personas que fueron torturadas hasta el martirio, se levantan como energías.

¿Qué sucede en el tiempo actual?
El cortejo de los acusadores energéticos, que transmite a los malhechores de antaño las energías acumuladas y no expiadas de los mortíferos transcursos de los tiempos, inicia su marcha.

Incontables personas que fueron quemadas en las hogueras, pueblos y tribus enteros que fueron exterminados de la forma más brutal se levantan como energía y se unen al tenebroso cortejo que va alargándose cada vez más.

Los miedos mortales de muchos niños que fueron violados y entregados al Moloc, y que tuvieron que dejar su vida como víctimas de holocausto para el dios ídolo, se levantan como energías. Niños que en las así llamadas cruzadas se convirtieron en «ofrendas de alimento», se levantan como energías y se unen al tenebroso cortejo del «cambio climático» que se vuelve cada vez más largo.

Los crímenes de abusos deshonestos contra mujeres violadas y ultrajadas se levantan de la Tierra como energías y se unen al cortejo del horror.

Todo lo que no está expiado se levanta del lugar de registro llamado Tierra y muestra los crímenes de ayer y hoy.

Todo, absolutamente todo, como saqueos, pillaje y robo, esclavitud y servidumbre, incendios intencionados incluyendo hogueras, asesinatos y genocidios, guerras y matanzas, también el asesinato de animales y la explotación abusiva de la naturaleza, se levantan de la Tierra.

Quien crea poder decidir sobre la muerte solo por aprobar el comercio de órganos, decide sobre sí mismo y estará presente cuando se levanten de la Tierra como energías aquellos que artificialmente fueron declarados muertos.

Todo lo que no está expiado, las causalidades, causas y más causas, energías y más energías, se levantan y se dirigen contra aquello que está aún por ser reparado y purificado, como compensación según la ley de Siembra y cosecha. Energías y más energías se levantan de la Tierra y se unen al tenebroso cortejo del horror.

También las energías no expiadas del sufrimiento de muchos hombres y mujeres profetas, de anunciadores de Dios, de hombres y mujeres iluminados, que en todos los tiempos fueron víctimas de la crueldad llevada a cabo por la Iglesia y por el poder del Estado, se unen al cortejo que se va volviendo más y más oscuro.

Todos los crímenes violentos se levantan de la Tierra como energías y se unen al cortejo energético kármico.

Sobre el género humano, que ha rechazado la palabra de los mensajeros y mensajeras provenientes del Reino de Dios, irrumpirán tiempos oscuros, porque en todos los tiempos Yo, el que Soy, enseñé la Ley eterna del amor a Dios y al prójimo.

A muchos seres humanos en todos los países de la Tierra se les mantuvo en tinieblas, para que no vieran la luz de la eternidad; por eso el asesinato de muchos portadores de la luz, de los mensajeros y mensajeras provenientes de la luz.

La táctica de velar y ocultar fue también en todos los tiempos propia de los gobernantes del

Estado, y lo sigue siendo hasta el día de hoy. El poder del Estado es hasta en la actualidad el esbirro de los potentados de la Iglesia.

El clan de la Iglesia es tan poderoso y está tan obsesionado por el poder, debido a que el débil Estado se aprovecha de la limitación del pueblo, que sacrifica sus temores al clan de la Iglesia, que es insaciable.

Se precisa por cierto de mucho dinero para mantener un réquiem que está establecido en las profundidades, es decir, que tiene su sede abajo, de lo que ya habló Jesús de Nazaret –es el que tiene necesidad de veneración, y hoy más aún: el padre de abajo, que desde el comienzo de la Caída fue un mentiroso y un asesino. Su riqueza de facetas va disminuyendo, pues el engaño se está revelando, no a través de Mí, el Yo Soy el que Soy, el Dios Padre-Madre, sino a través de los antiguos creyentes, que perciben los poderes que vienen de abajo.

No importa con qué argumentos la Iglesia y el Estado se quieran excusar, es así como es:

sin expiación y reparación nada puede prosperar, ni en el alma ni en el ser humano y tampoco en las obras.

Yo Soy el Eterno y la Ley eterna del amor a Dios y al prójimo, que contiene la libertad.

Todo será pesado, y según la medida y el peso se repartirá a cada alma, a cada persona.
Las energías de los poderosos oradores de la Iglesia, el Estado y de los que les son serviles, también en lo que se refiere a la economía y la sociedad, y de todos los que han participado y participan de guerras y hambrunas, de genocidio y robo de tierras, son pesadas y distribuidas como corresponde, justa y proporcionalmente. La siembra respectiva está aquí y allá, la cosecha en el país correspondiente.
Es como si el cortejo de sufrimiento, de asesinato, de la totalidad de crímenes de la Iglesia y del Estado no tuviera fin, pues la corriente de lo que no está expiado, en lo que se refiere a crimen y violencia, se extiende también por los mares,

ríos y lagos, nada más que violencia, sufrimiento, enfermedad y muerte. La muerte energética de plantas y animales marinos de toda clase se levanta como energía correspondiente y se une al cortejo energético kármico.

Ninguna energía se pierde, pues el séquito energético kármico que va por la Tierra es cada vez más largo, así también los tiempos oscuros que tienen sus melodías y su canto, que se llama «cambio climático».

En el cambio de los tiempos, el clima deja que la humanidad entrevea cuál estrofa de la canción la afectará hoy o mañana, no importa en qué país, en qué lugar el ser humano actual de ayer y de hoy tenga su parte en ello.

Como se sabe –así habla el ser humano– los molinos de Dios muelen lentos, pero con justicia. Lo que el ser humano siembre –y que no está expiado– lo cosechará.

Yo Soy el que Soy, que muestra muchas cosas, pero no todo, no todos los detalles desde el comienzo de la Caída hasta la aurora, pues está anunciada la venida de Mi Hijo, del Cristo de Dios, antaño en Jesús de Nazaret.

El largo y aún sombrío cortejo de sufrimiento de las energías no expiadas todavía no ha llegado a la aurora, pues la melodía del cambio climático tiene muchas estrofas, y cada estrofa muestra algo y estimula a la expiación y reparación.

No se debería pasar por alto que en todos los tiempos la humanidad dice: «El ayer es el ayer, y el hoy es el hoy».

En verdad, ¡Yo Soy el que Soy!

Vuestro ayer es la siembra para vuestro hoy –a no ser que hayáis reconocido vuestro ayer y vuestros errores, reparado vuestro mal mediante el arrepentimiento y la reparación. Si no es así, entonces vuestro ayer es vuestro hoy.

Aún es así como es –por eso Mi Palabra.

La bandera negra que la mayoría de los seres humanos todavía izan, es la droga oscura del poder de la Iglesia y del poder estatal, que en muchos lugares todavía solo se muestra en la dominancia de los campanarios para atraer a la masa de los seres humanos, y si no resulta de este modo, entonces con el juramento del bautismo, lo que significa estar atado.

Si el voto de fidelidad al poder eclesiástico se vuelve superficial, se saca otro recurso del bolso del predicador, que se llama condenación eterna, tormento infernal eterno. Si un juramento tal fuera un hecho real, si tuviera validez, entonces todos aquellos que exigen tales juramentos de su prójimo serían los primeros que se encontrarían en un eterno tormento infernal, los altos cargos de la Iglesia y los servidores mismos de gobiernos de tiempos pasados, es decir, ayer los emperadores, reyes y potentados estatales.

Todos ellos se volverían a encontrar juntos allí, no los muchos que fueron sus víctimas porque no creyeron en la falange clerical, sino que se resistieron.

Si ninguna energía se pierde y si todo es energía y la Ley eterna contiene la posibilidad de la expiación y la reparación, ¿dónde se quedaron entonces estas energías y las almas?

¿Dónde están? ¿Están sentadas en sus tumbas y esperan su resurrección el día del juicio final, o dónde están?

La causalidad se los enseña.

Una breve explicación para comprender lo que significa reencarnación.

Dicho con palabras tridimensionales a través de Mi instrumento, de Mi mensajera:

Ojo por ojo, diente por diente.

Lo que el ser humano siembre, lo cosechará.

Para el alma que lleva en sí las causas, esto significa vivir una nueva encarnación o como alma expiar tal vez en un largo ciclo cargando con el dolor y el sufrimiento que como ser humano haya causado a otros seres humanos o también respecto a los animales y la naturaleza.

¿Dónde están los muchos seres humanos que están en condiciones de ver su siembra, para expiar la injusticia cometida, sus actos terribles?

Aunque el desastre religioso rechaza la reencarnación del alma en un cuerpo humano, las encarnaciones son para muchas almas un don de misericordia, cuando como alma ven su cadena de causas.

Millones y millones de seres humanos fallecidos vienen como almas a reencarnarse, a tomar un cuerpo, y nacen nuevamente aquí y allá, en su mayoría en los países donde la injusticia de ayer está hoy pendiente de ser expiada, allí donde están sus causas de ayer y hoy, para reparar allí lo que siendo un ser humano provocaron en tiempos pasados.

Es simplemente así como es:
La justicia es la compensación. Si ayer la persona con prestigio social pertenecía a los rangos más altos, hoy viene como simple ciudadano al

país en el que actualmente sus causas están activas, para reconocer lo que ayer, o sea en existencias anteriores estaba todavía sepultado en su alma, las causas, o según sea la medida y el peso, para soportar sus efectos.

Lo de ayer puede ser entonces lo de hoy.

El cortejo kármico, que va dando vueltas por la Tierra todo el tiempo necesario hasta que todo esté expiado, saca todo a la luz, también el sufrimiento indecible de los animales, también con respecto al canibalismo de comer animales, que en muchos casos todavía no ha tenido efecto. El cortejo kármico, las energías correspondientes, sacan todo a la luz.

La reencarnación es en este sentido un don de gracia, es la misericordia, pues las expiaciones en los caminos de las almas pueden ser verdaderamente peregrinaciones muy dolorosas.

El cortejo oscuro y largo tiene aún todavía sus capítulos.

Entre otros, un capítulo es significativo:

Expiación o reparación a tiempo, por lo que la expresión terrenal «a tiempo» es de importancia, porque la comitiva de la superación de obstáculos y dificultades ha vuelto a ponerse en marcha.

Las melodías del cambio climático, las estrofas que van de un país a otro, se vuelven cada vez más claras y contundentes, así también los efectos, la causalidad de ayer y de hoy, que en última instancia lo es cada ser humano mismo.

De país en país, los valores de las causas mostrarán diferentes efectos, pues el alma de una persona que fallece hoy, puede renacer o encarnarse en otro país, según sea la valencia de ayer.

Sea como sea:

El camino –como alma o como ser humano– es orientador: hacia arriba o a encarnarse. Las lóbregas obras de ayer que hoy serán purificadas o reparadas, indican el camino a la luz, que es la eternidad.

Desgraciadamente, el cortejo de la muerte, equivalente a cortejo asesino, indicará todavía un largo tiempo en esta Tierra lo que está pendiente de ser expiado.

Pero el capítulo de larga oscuridad en esta Tierra, según sea el país correspondiente, se irá aclarando paulatinamente, se hará más radiante porque también la Tierra se tornará más luminosa.

Una Tierra cada vez más luminosa señala la aurora espiritual y el comienzo del Nuevo Tiempo.

Se formará una Tierra virgen bajo el signo de Mi Hijo, del Corregente del Reino de Dios, que siendo Jesús de Nazaret anunció Su venida: «Yo vengo pronto».

Destruidos estarán entonces los templos y campanarios pecaminosos con su dios ídolo. Destruidas estarán todas las banderas negras del sacerdocio de Baal. Ninguna otra bandera religiosa sigue ondeando.

Los seres humanos del Nuevo Tiempo encuentran al verdadero Dios en su carácter amante de la paz y construyen en la nueva Tierra el Reino de la Paz, bajo el signo del Lirio –Sophia–, de la pureza y libertad del amor a Dios y al prójimo.

La palabra a la pareja portadora de la Sabiduría divina, la tercera fuerza básica ante Mi trono:
Hija Mía, que Yo confié al querubín de la Sabiduría eterna –¡en verdad una y otra vez y una vez más! –estas fueron, dicho brevemente, tus encarnaciones, en las que te acompañó el príncipe de la Sabiduría, el regente, también llamado querubín.
Él permaneció a tu lado. Él está a tu lado, la dualidad de la Sabiduría ante el trono de las siete fuerzas primarias, del SER Padre-Madre.

La pareja portadora de la Sabiduría eterna llevó y lleva el estandarte de la paz: el querubín, antiguamente en Isaías en la Tierra, su dual con diferentes nombres, según haya sido la época, ahora la profeta y enviada de Dios, Gabriele.

El estandarte está erigido y está por el Cristo de Dios, que como Jesús de Nazaret anunció Su venida en el espíritu de Su Padre eterno, que Yo Soy.

En el transcurso de los tiempos, antes de Abrahán y después de Abrahán, siempre estuvieron reunidas personas fieles alrededor de la mujer que llevaba consigo la Ley divina y la enseñaba.

Como en todas las épocas, entre los seres humanos estaban los representantes de la bandera negra, para destruir todo lo que pudiera despertar, aunque fuera la apariencia de servir al Espíritu Libre, a Dios, el Yo Soy. El Lirio de la pureza, la Ley del amor a Dios y al prójimo, lo llevó la Sabiduría encarnada de encarnación a encarna-

ción y enseñó lo que le era posible, a pesar de que tuvo que sufrir mucho bajo el régimen baalístico.

Ella soportó y sobrellevó; a su lado estaba el príncipe de la Sabiduría, el querubín. Repetidamente lo soportaron juntos y lo soportaron hasta en la actualidad. Se abre el portal del Lirio, de la Sabiduría, bajo el signo de Sophia.

Ella enseñó en muchas facetas la vida para el Nuevo Tiempo en el Reino de la Paz en formación. El querubín, el príncipe, el regente de la Sabiduría, manifestó en muchas horas de enseñanza cómo se podría ir formando la Tierra de la Paz, la intensidad de luz que anuncia la venida del Cristo de Dios: «Yo vengo pronto».

Desde el Espíritu, de la obra realizada por la Sabiduría en Mí, sigue actuando la Sabiduría, también cuando el espíritu maligno impregna la atmósfera aún contaminada. A través de los soles prismáticos irradia ya la luz del Cristo de Dios.

En el Espíritu de la eternidad aparecerá la elevada mujer de la cual se ha escrito, la que en unión con su dual espiritual construye el trono de la aparición, el signo del Corregente del Reino de Dios, que al lado del SER Padre-Madre eterno, como Corregente refleja Su luz manifestada para el Nuevo Tiempo, que señala el paso hacia el Reino de Dios.

En el divino SER y en la consciencia de la responsabilidad actúa la pareja portadora de la Sabiduría divina, la tercera fuerza básica ante el trono del Eterno, que Yo Soy.

Durante decenios, la elevada mujer, el Lirio, Sophia, ha enseñado a los seres humanos lo que ayer y hoy el Cristo de Dios les dice:
«¡Venid todos a Mí, al Cristo de Dios, Yo os quiero guiar!».

El dragón ha sido vencido. Se precipitó a la Tierra y será transformado por la Tierra que se está purificando.
La Tierra está en gran parte limpia de putrefacción y pestilencia de cadáveres, de maldad y de fe idólatra. La Tierra recibe un manto divino.

El Eterno, que Yo Soy en la unidad con Mi Hijo, el Corregente del Reino de Dios, y con la regencia de la Sabiduría eterna, llama en este mundo:

Sí, está consumado. Un nuevo Cielo y una nueva Tierra nacen a través del «Hágase».

Yo, el Yo Soy, lo hago todo nuevo.

La llamada del Cristo de Dios va ahora ya por toda la Tierra, y todos los seres humanos que llevan la cruz en la frente, el signo de la paz y del amor, perciben la llamada del Cristo de Dios que dice: «Allí donde dos o tres están reunidos en Mi Nombre, allí estoy Yo en medio de ellos».

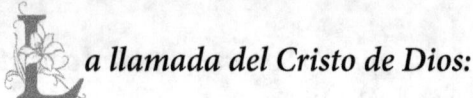a llamada del Cristo de Dios:

*«Los signos son visibles, la aparición
va por delante, la aurora
manifiesta a los Míos el día luminoso
y el Nuevo Tiempo.*

*Yo Soy en Dios, en Mi Padre,
en el eterno SER, Su Hijo.
La pareja regente de la Sabiduría eterna
hace evidente Mi venida.*

*¡En esta consciencia del Nuevo Tiempo
para los seres humanos amantes de la paz:*

*El Cristo de Dios, que Yo Soy
en el SER Padre-Madre eterno,
en Dios, que es la eternidad».*

www.ingramcontent.com/pod-product-compliance
Lightning Source LLC
LaVergne TN
LVHW012130070526
838202LV00056B/5934